27341

MOYENS

DE DIMINUER LE VER

APPELÉ VULGAIREMENT

MAZARD.

S

MOYENS
DE DIMINUER LE VÈR
APPELÉ VULGAIREMENT
MAZARD,
ET D'AUGMENTER
LA RÉCOLTE DES FRUITS;

par M. H. Fremiet,

OFFICIER DE L'ANCIENNE ARMÉE.

A DIJON,

Chez Victor LAGIER, libraire, rue Rameau, N.º 1.

1824.

DIJON. IMPRIMERIE DE CARION, PLACE ROYALE.

AVERTISSEMENT.

En publiant ce petit aperçu, je demande au lecteur un peu d'attention et beaucoup d'indulgence, non pas que je craigne la critique, je sais qu'elle ne se place jamais sur une base aussi étroite et aussi fragile (il faut de l'esprit pour occuper l'esprit), mais parce que je désire être compris, et je sens qu'il faudra souvent se gratter l'oreille pour y parvenir. L'intention fera passer sur les défauts, surtout lorsque l'on saura que j'ai quelquefois exposé mon épée à l'air, mais jamais ma plume.

En racontant les moyens que j'ai employés pour diminuer mes mazards, je n'ai pas prétendu m'ériger en professeur, donner des préceptes ou faire une méthode ; j'ai seulement eu l'idée de piqüer l'amour-propre et d'exciter les recherches de personnes plus habiles que moi, persuadé qu'elles arriveraient plutôt, et par des voies plus sûres, au but que je croyais atteindre sans beaucoup de difficultés. Mais la nature ayant fourni à mes petits ennemis des moyens de défense au-dessus de mes forces, je suis obligé de demander des secours contre eux, sans pour cela cesser de les poursuivre.

MOYENS

DE DIMINUER LE VER

APPELÉ VULGAIREMENT

MAZARD,

ET D'AUGMENTER

LA RÉCOLTE DES FRUITS.

———

Lorsqu'en 1816 je déposai, malgré moi, les attributs du dieu de la guerre pour courtiser Flore et Pomone, j'étais loin de m'attendre aux difficultés que j'ai rencontrées depuis. Je croyais que, dans ce nouvel état, il ne fallait pour réussir que de la simplicité dans les goûts, et l'amour du travail. Trouvant l'un et l'autre chez moi, cette pensée me dédommageait du regret de ne plus entendre le son d'une caisse ou le bruit du canon.

Presque résigné, je ne songeai plus qu'à employer mon inquiète activité. Mais, sans pécune, sans crédit, et de plus avec une mauvaise réputation, je ne pouvais me livrer à de grandes entreprises : relégué dans mon village, il fallait, comme dit le proverbe, *hurler avec les loups.*

Dans une commune rurale, l'un laboure son champ, l'autre cultive sa vigne, et en mange, bien entendu, les raisins, comme l'autre vit du produit de ses guérets.

Mon caractère a toujours été trop fier pour demander, et pas assez pour refuser. Mais quand personne n'offre, il faut bien s'en tenir au rôle du *Renard.* Ce rôle ne me convenait pas. La munificence du gouvernement me mettant à même de faire quelques économies, je voulus être comme les autres. J'achetai un petit coin de terre inculte, le plus aride du finage : c'était l'emplacement d'un vieux couvent ruiné par les ligueurs en revenant de Fontaine-Française, où le grand Henri, comme on sait, leur avait taillé des croupières en 1595. C'est sur cet emplacement que je bâtis la fable du *Pot au Lait.*

Les attributs de Mars, encore noirs de la fumée d'Austerlitz, relégués dans mon grenier, servant d'appuis aux toiles d'araignées, furent remplacés par la pioche, la bêche et l'arrosoir. Les décombres disparurent ; de jeunes arbres fruitiers remplacèrent la ronce et le groseiller sauvage. La brouette *aux longs bras* fit d'un désert un jardin passable.

L'année 1816 fut favorable aux plantations ; je récoltai des fruits la première année. J'étais dans l'enthousiasme, j'avais oublié Wagram et l'Italie.

Je me croyais un nouveau La Quintinie : la laitue de Salone, les poires de Berghen, les raisins et les figues de Dalmatie, le miel de Narbonne : tout allait être réuni. Quelle félicité ! Mon seul embarras était de savoir où loger ces richesses.

Pour bien goûter le plaisir, il faut un peu de peine. Heureusement un homme qui surnage aussi bien qu'un requin, et que, pour appeler un chat un chat, je nommerai *Pamplona*, se trouva là pour faire diversion. Il m'accusait tout simplement de conspirer. J'eus beau lui assurer que toutes mes occupations tendaient à diminuer le nombre de petites et méchantes bêtes qui probablement nous avait été apportées par un vent du sud-ouest : rien ; il fallut malgré moi être quelque chose, et me rendre dans les pompeuses demeures de *Raminagrobis*.

La vérité, bien que du fond d'un puits, se fait entendre des cœurs français. On me renvoya bientôt auprès de mes mazards.

Une nouvelle végétation était près d'éclore ; déjà la sève avait gonflé les boutons ; sur les arbres hâtifs la corolle soulevait le duvet qui l'avait défendue contre les rigueurs de l'hiver. Revenu à mon enthousiasme, je voyais un panier de fruit à chaque bouton. Cette joie ne fut pas de longue durée : un vent d'ouest ralentissait la végétation, tandis qu'un insecte, inconnu pour moi, rongeait la feuille et la fleur avant d'être éclose. Chaque matin, dans le jour, à chaque minute, je regardais les boutons de mes arbres. Sur l'un je remarquais une légère trace brune, couleur de suie ; sur l'autre un très-petit trou dans les pétales non encore développées : ici je voyais la feuille comme brûlée ; là le dessus des fleurs était pâle et terni. Si j'ouvrais le corolles, je trouvais l'aiguille et les étamines en désordre, et sans vigueur.

Cependant je faisais mille tours d'un arbre à l'autre ; je ne les quittais que la nuit, ou pour me plaindre à mes compatriotes. Ces bonnes gens pensaient bien me rassurer en me disant : C'est un coup d'air. Coup d'air ! Coup d'air tant que vous voudrez ; mon pot n'en est pas moins cassé, et tout espoir perdu. Quoique novice dans l'art de la culture, j'attribuais à d'autre cause qu'au coup d'air la ruine de mes arbres ; je savais qu'il en est des plantes comme des animaux ; qu'ils ont une transpiration, et que dans l'économie végétale, comme dans l'économie animale, il résulte des accidens de la suppression de cette sécrétion. Je cherchais à la ranimer par toutes sortes de moyens ; j'aurais peut-être fait faire des gilets de flanelle à tous mes arbres si un beau matin, par une douce rosée, je n'avais aperçu à la partie supérieure des feuilles et des fleurs de petits vers, de différentes couleurs et espèces, qui broutaient à belles dents feuilles, fruits, et jusqu'au bois, sur les arbres dont la végétation était tardive. Cette découverte était précieuse : je crus avoir pris la pie au nid. Je courus chez mes voisins, et dans mon manoir chercher ma domestique. « Ah ! venez promptement, nous sommes sauvés : les voleurs sont au jardin. — Comment, des voleurs ! — Oui, pas de raison ; des verres, de l'eau chaude, des épingles : allons, hâtez-vous ! » En moins de cinq minutes tout fut prêt. Nous nous mîmes à éplucher les boutons l'un après l'autre. J'avais d'abord jugé que c'était l'affaire d'un instant : nous passâmes une heure après le même arbre, et en le quittant il était beaucoup plus malade que les autres. En déroulant les feuilles coquillées, nous avions froissé les membranes ; de même, en ouvrant les corolles, les pétales, les étamines et les pistiles, tout avait souffert : ce qui était pis encore, une partie des boutons avait été rongée avant d'être débourrés. En les ouvrant pour chercher les vers, on les détruisait entièrement. Il fallut, pour ne pas faire plus de mal que les vers mêmes, se borner à prendre ceux que l'on apercevait. Après sept à huit jours d'un travail continuel, il s'en trouvait à peu près quatre fois autant que le premier jour. Je m'aperçus qu'en faisant le contraire des Danaïdes, j'obtenais précisément le même résultat.

Allons, Marie (c'était le nom de ma domestique), changeons de système ; nous perdons notre temps. Courez au grenier :

il y a du plâtre et de la chaux vive; nous essaierons de les aveugler. En un instant mes arbres furent poudrés comme des baillis de village. La première odeur de cette poudre fit cacher les vers : ne les voyant plus, je crus avoir fait miracle.

Cette journée fut pour moi la journée des dupes. Mes petits mazarins s'étant retranchés dans leurs conques, ou au bas des bourgeons, ou enfin par-tout où le plâtre et la chaux n'étaient point parvenus, attaquèrent avec plus de succès le pédicule des fruits et des feuilles, et en quelques jours anéantirent toute espèce de récolte.

Voyant qu'il m'était impossible de me débarrasser de ces hôtes importuns, je pris le parti de chercher à les connaître. La première pluie lava les arbres, et mes petits cosaques reparurent en troupe irrégulière. Le premier que j'aperçus était presque noir, très-allongé, et n'ayant de pattes qu'aux deux extrémités, armées de petites griffes très-aiguës. La marche de ce ver, fier comme un Castillan, fixa mon attention. Appuyé sur ses pattes de devant, il se double comme un compas en rapportant ses pattes de derrière précisément contre les autres; il enfonce ses griffes, part de nouveau en se déployant, et porte sa tête aussi loin que possible. Il continue ainsi à avancer comme un compas que l'on promène de pointe en pointe, et que l'on ouvre entièrement ; en sorte que, déployé, ce ver forme une ligne horizontale et double une perpendiculaire : ce qui me l'a fait appeler *arpenteur*. Ce ver va très-vîte, et passe souvent d'une branche à une autre. Il y en a de deux espèces : une grande et une petite. Dans chaque espèce il s'en trouve de gris, de roux et de blancs.

La deuxième espèce que je distinguai est beaucoup plus nombreuse que la première : c'est un petit ver qui est d'abord très-blanc, sur la tête duquel on remarque, à l'aide d'une loupe, un petit capuchon noir. Le corps de ce ver prend par la suite la teinte de la nourriture qu'il mange. Ce ver tient beaucoup de la chenille ; il en a les formes et les mouvemens, à l'exception de la tête qui est extrêmement mobile, et plus pointue.

J'en découvris encore cette année une troisième espèce qui a infiniment de rapport avec le ver à soie. Elle se nourrit particuliè-rement de pétales, de fleurs et d'étamines ; pique le fruit quand il est noué, et finit par *ramer* comme le ver à soie, et s'envelopper de bourre où elle finit sa carrière. Quand ce ver veut *ramer,* son corps devient transparent ; on en trouve souvent de pendus avec le fil qu'ils dégorgent : à cette époque ils ne sont plus à craindre.

Le mois de juillet mit fin à mes recherches : tout disparut. La fin d'août nous amena cette nuée de papillons blancs qui ne vécurent que pour déposer des œufs, lesquels ont produit cette quantité de chenilles qui a rongé les buissons, les arbres, et même les forêts, pendant plusieurs années.

Les commencemens de 1818 furent tempérés ; mars, plus doux qu'à l'ordinaire, avait animé la végétation ; déjà la sève avait gagné les rameaux : tout annonçait une floraison prompte et abondante. La gent mazarine parut ; elle avait fait des progrès : les années précédentes elle s'était contentée du pommier (arbre qui lui plaît plus que tout autre, à cause de la mousse et du duvet), et aussi du poirier et du prunier. Il n'y avait guère que la première espèce qui eût mordu sur le cerisier. En 1818 tout en était peuplé : arbres, arbustes, et jusqu'aux plantes, elle avait tout envahi.

La végétation peu abondante dans mon jardin, à cause de l'aridité du sol, ne me permit pas de voir une feuille avant le mois de mai ; la sève ne fournissait pas pour nourrir cette multitude qui pullulait dans la misère. Tranquille spectateur, j'attendais que mes vers fussent développés pour les reconnaître. Mais la nature, en en augmentant le nombre, avait multiplié les espèces ; car, en ayant mis trente sur un plat, huit ou dix au plus se trouvèrent des trois espèces que j'ai décrites plus haut : le reste avait bien quelque ressemblance ; mais chaque ver avait des formes et des attitudes particulières. Je ne cherchai plus à les classer, étant décidé à leur faire la guerre. Cependant un ver que j'avais tiré d'un trou dans l'écorce d'une branche, me parut d'une espèce unique. Cet insecte semble formé d'anneaux ; il est de la nature du polype. En le coupant par morceaux, chaque partie forme un ver qui vit, mange et grandit. Il se tient ordinairement dans les gros boutons, et s'introduit très-avant entre la peau et le bois. La branche où il est sèche au bout de quelques jours, et les feuilles paraissent frillées. Ce ver et ses parens feront ma quatrième espèce. La cinquième se composera de tout le reste.

Justement effrayé de cette multitude, je désirais connaître son origine pour tâcher de la détruire. A cet effet je réunis trente des plus beaux vers pris dans toutes les espèces; je les plaçai sur un petit arbre touffu et bien feuillé, lequel je couvris promptement d'un capuchon de mousseline claire, noué par le bas : je comptais suivre les progrès de leur vie et de leur mort en les visitant souvent. Le lendemain matin je trouvai ma mousseline criblée, et tous mes vers partis, à l'exception de deux. Cette circonstance ne me découragea pas. Je recommençai mon expérience en séparant les espèces, afin de m'assurer si les individus de chacune étaient armés. La première espèce, la quatrième et quelques-uns de la cinquième s'échappèrent encore de leur prison; les autres y moururent sans passer à l'état de chrysalide.

Ne pouvant arrêter les arpenteurs et les polypes, j'en attachai douze sur un arbre avec du fil : deux heures après tous avaient brisé leurs chaînes, et décampé. Je recommençai mon opération avec des fils de de soie : elle ne dura que quelques heures de plus. Je me rappelai heureusement qu'il me restait une vieille paire d'épaulettes qui avaient vu Iéna, et le Trocadéro du temps qu'il battait Cadix avec d'énormes projectiles en fer; je les défis pour attacher mes fiers Castillans avec des chaînes d'argent. Trois seulement s'échappèrent ; les autres vécurent attachés de trente-six à cinquante jours, et moururent sans se métamorphoser.

Je pense que ces deux espèces ne passent point à l'état de chrysalide ; elles sont ovipares, et déposent leurs œufs qui sont imperceptibles à l'œil nu. Ce qui me porte à le croire, c'est que les branches où elles étaient attachées, couvertes, après la mort des vers, pour empêcher la communication des autres insectes, n'ont donné l'année suivante que des mazards de la première espèce.

Quant aux autres espèces, je suis fondé à croire qu'elles passent à l'état de chrysalide après une vie de trente-six à quarante-cinq jours. Leur métamorphose est extrêmement prompte : le ver se change en scarabée, dont la tête conserve sa première forme;

l'étui prend la couleur du ver. Les scarabées de la deuxième espèce font une première ponte en juin : les œufs se trouvent déposés en tas, mais toujours imperceptibles à l'œil nu. Les nouveaux mazards naissent en famille, et ne se quittent pas. Ils s'entourent de filets semblables à des toiles d'araignée, mangent d'abord le bourgeon sur lequel ils sont éclos, puis la branche, et successivement toutes les feuilles de l'arbre qu'ils laissent tout couvert de leurs toiles. Ils ne vivent que dix-huit à vingt jours, et passent ensuite à l'état de chrysalide. Ces mazards sont plus faciles à détruire que les autres ; les scarabées sont tous de la même espèce : la tête allongée en pointe comme le bec d'une plume ; l'étui est presque toujours vert. Ce scarabée est ce que les vignerons appellent *écrivains :* raison qui doit engager à les détruire. Ils viennent en juin, et vivent quelquefois jusqu'en septembre.

Voilà à peu près toute la connaissance que j'ai acquise de mes importuns voisins ; encore n'oserais-je donner ces citations pour invariables, la famille étant si nombreuse, et la nature prenant tant de soin de ses créatures, qu'on serait tenté de croire

qu'elle change au besoin jusqu'à leur con-
formation. Il m'est arrivé d'en peindre une
certaine quantité en rouge, et de les trouver
tous différens au bout de quelques jours.

En voilà bien assez sur la vie; il faut
maintenant chercher la mort s'il est possible.

La reconnaissance étant faite tant bien
que mal, je me décidai à dresser le plan
d'attaque. L'entreprise était minutieuse, la
gent mazarine était toute en partisans : s'il
n'y avait point de Mina, il n'y avait non
plus ni de Morillo ni de Ballesteros. J'étais
certain de vaincre en détail; mais c'est à
la masse que je visais.

Je commençai par prendre cent ôtages
dans les différentes tribus; je les plaçai sous
des verres, et leur fournis abondamment
des feuilles de l'arbre où je les avais pris. En
même temps le creuset de Lavoisier était
sur le réchaud. Dans mon ignorance, je
cherchais en vain dans ma bibliothèque les
Buffon, les Chaptal, et autres naturalistes :
je ne trouvais que *l'École du Soldat.* Sans
ressource, il fallut se résoudre à interroger
la nature. Tout fut mis à contribution : les
plantes amères, vénéneuses; les acides, les

sels, les corps gras, et jusqu'au disgracié
Goubert, qui m'aida par ses thermomètres.

Lorsque mes drogues furent préparées à
froid et à chaud, depuis dix degrés jusqu'à
soixante, je plongeai dans le liquide un
habitant de chaque tribu, en ayant soin de
noter l'effet que chaque substance produi-
sait sur l'individu. Cette opération donna
les résultats suivans : Le ver endure soixante
degrés de chaleur; il supporte trois im-
mersions à soixante-deux degrés; mais il
succombe à la première à soixante-cinq
degrés.

A l'égard des diverses préparations, trois
seulement sont applicables, et donnent des
différences. Les corps gras tuent l'insecte
à quarante-cinq degrés à la première immersion, et ils le tuent aussi à froid de la
neuvième à la dixième. L'acide fourmique,
c'est-à-dire des fourmis bouillies dans de
l'eau, les détruit de quarante-cinq à cinquante degrés à la deuxième immersion.
Le bran de latrines et la chaux vive pro-
duisent à peu près les mêmes résultats. Le
jus de ciguë, d'éclaire, de tithymale, de
tabac, et de quelques autres plantes, donne
des effets plus prompts; mais il est impos-

sible de s'en procurer une quantité suffi-
sante pour l'employer sur des arbres.

L'opération terminée sur les insectes, il
fallut la répéter sur les arbres. Il était indis-
pensable de s'assurer que le remède ne fît
pas pis que le mal. La feuille supporte de
cinquante à cinquante-cinq degrés de chaleur, selon les espèces d'arbres et l'âge de
la pousse. La fleur en supporte aisément un
de plus, et le fruit trois lorsqu'il est bien
noué. On voit par là que le ver est plus dur
que le fruit, et qu'il ne faut pas songer à le
détruire avec de l'eau chaude pure.

L'application des corps gras, qui obtien-
drait le plus de succès, est tout-à-fait des-
tructive. L'arbre prend sa nourriture de l'air
comme de la terre; chaque branche a des
pores qui forment des espèces de pompes
aspirantes, qui, en réfléchissant l'air, éta-
blissent le balancement de la sève. On sait
que les corps gras ont la propriété d'être
impénétrables à l'air : en sorte que les pores
étant bouchés, la sève est sans mouvement;
elle se répercute, la végétation est arrêtée,
la feuille jaunit, le fruit tombe, et l'arbre
meurt si l'on n'a soin de le tronçonner.

Il ne reste de mes recherches que les fourmis et le bran de latrines, ou plutôt l'acide carbonique qu'il contient. La première opération demande infiniment plus de soin que l'autre, qui ne consiste qu'à boucher son nez. Je n'ai jusqu'à présent fait que raconter mes occupations ; je ne crois pas devoir changer de système, mon intention n'étant que de démontrer que le mal n'est pas sans remède, et persuadé que d'autres appliqueront mieux ce remède que moi.

Pour obtenir mon acide fourmique, je savais un bois où il y avait de grosses fourmilières. Je pris des sacs de fort treillis, les fis remplir d'une ou plusieurs fourmilières ; aussitôt qu'ils furent amenés, je les mis dans des cuviers, et fis jeter, avant de les délier, de l'eau bouillante dessus. Les fourmis étant mortes, j'en remplis une grande chaudière que je fis bouillir pendant une demi-heure ; je versai ensuite le tout dans un cuvier pour le refroidir avec de l'eau jusqu'à cinquante degrés : alors j'en aspergeai mes arbres avec un arrosoir à crible.

Le bran s'emploie de la même manière. Je fais bouillir l'eau, et la refroidis dans un cuvier avec du bran pour m'en servir ensuite. Plus on renouvelle l'opération,

plus le succès est certain. Tous les vers at-
teints périssent : il ne reste que ceux qui
sont enveloppés dans les feuilles, dans leur
duvet, ou ceux de la première espèce, qui
ont la facilité de se transporter d'un arbre
à l'autre. Cette opération a encore l'avantage de tuer ou d'éloigner les scarabées, les
chrysalides, et même les hannetons. Elle
détruit aussi le *mans* (ver à hanneton) qui
se trouve au pied de l'arbre, à telle profon-
deur qu'il soit; elle augmente considérable-
ment la végétation, ronge la mousse, et fortifie les talles.

Ce léger avantage était loin de me satis-
faire. J'avais d'abord compté sur une affaire
décisive, et un système de destruction to-
tale : j'étais encore bien loin de mon compte.
Comme je lisais souvent dans le grand-livre,
attendu que je n'avais pas d'autre bibliothèque, je remarquai qu'un hiver rigoureux
détruisait toujours une certaine quantité
d'insectes. Je songeai dès-lors à donner à
mes arbres, tous les ans, un hiver rude, et
j'y parvins au moyen du verglas artificiel.
Cette circonstance paraît d'abord extraor-
dinaire; on va voir qu'elle est de la plus
grande simplicité, et, quelque tempéré et

même doux que soit l'hiver, il se trouve
toujours assez de jours de gelée pour faire
ce que je vais indiquer.

Lorsque le thermomètre est à quelques
degrés au-dessous de zéro, ou plutôt que le
temps est à la gelée, je prends le soir un
arrosoir garni d'un crible fin ; je le remplis
d'eau, et asperge mes arbres. L'eau gèle sur
les branches, et j'augmente la couche de
verglas en multipliant mes aspersions, ayant
soin de laisser un intervalle entre chacune.
Si le soleil ne luit pas le lendemain, le verglas tient plusieurs jours ; dans le cas contraire on recommence. Il suffit d'entretenir le
verglas pendant quinze à vingt jours de suite,
ou à diverses reprises, pour diminuer consi-
dérablement les insectes. On pourrait même
dire qu'il ne reste après l'opération que les
œufs qui se trouvent dans l'intérieur des
boutons, dans la mousse ou de vieilles
écorces que l'on ne devrait pas laisser après
les arbres. Quelques personnes s'étonneront
de ce que je dis qu'il y a des œufs dans les
boutons. Une légère observation démontrera
cette vérité. J'ai remarqué que des insectes
passaient à l'état de chrysalide après une
vie de trente-six à quarante-cinq jours ; le

scarabée fait sa ponte quelque temps après,
et, déposant ses œufs glutineux sur la pelli-
cule du bouton qui n'est pas encore formé,
l'abondance de la sève recouvre l'œuf en
peu de temps. Les premiers rayons du soleil, au printemps, font éclore les œufs où
ils se trouvent; en sorte que, si la végétation est lente, le ver ronge le bouton avant
qu'il soit éclos, ne pouvant sortir de sa prison. Voilà pourquoi, dans les vergers où
il y a beaucoup de mazards, une partie des
boutons noircit au moment de la pousse. Si
on prenait la peine d'examiner et de dissé-
quer ces boutons, on verrait d'abord qu'ils
sont humides; ensuite on remarquerait de
petites traces brunes, et une légère cavité
de la même couleur. On pourrait aussi reconnaître le ver, qui, de quatre à dix jours,
est de la grosseur d'un fil de soie. L'humidité
et la noirceur des boutons proviennent de
ce que la sève trouvant le mécanisme de ses
canaux dérangé, s'extravase pendant quelque temps.

L'opération du verglas artificiel ne doit
pas dispenser de faire usage des précédentes,
ne fût-ce que pour éloigner les scarabées, et
prévenir les mazards de juin.

Je termine cet article par une remarque très-utile que j'ai faite sur la floraison des arbres. La plupart de nos arbres fruitiers, mais particulièrement le poirier et le pommier, fleurissent en bouquets dans lesquels il se trouve depuis quatre jusqu'à vingt et plus de corolles. J'ai suivi assez loin les progrès de la sève sur ces différentes fleurs. Il est certain que, quand les corolles sont en grand nombre, celles de la partie supérieure du bouquet ne se développent pas. Quand toutes les corolles s'ouvrent, celles du dessus, les doubles, triples et quadruples, tombent dans l'état de floraison avant que le fruit soit noué; malgré cette perte, il arrive souvent que trois, quatre, et jusqu'à huit fruits se nouent dans le même bouquet. Ces fruits tombent au fur et à mesure que la sève les abandonne, les uns à la grosseur d'un pois, d'autres comme une fève et même une grosse noix.

Il est facile de s'apercevoir que, dans cette circonstance, la nature souffre de sa propre fécondité, et que, voulant en bonne mère alimenter tous ses enfans, elle finit souvent par n'en conserver aucun. Il est bien étonnant que l'on ait vu depuis si long-temps

cet état de langueur avec indifférence , et
sans y porter remède. Je vais essayer de ré-
parer cette faute. Il est clair que le fruit ne
tombe que quand il manque de sève, à moins
que ce ne soit par accident; il est évident
aussi que toute la sève qui est passée dans
les pores des fruits tombés est perdue : c'est
ce qu'il faut chercher à éviter ; et pour y
parvenir, voici les moyens que j'ai employés
avantageusement pendant plusieurs années :

. Lorsque le bourgeon est développé , et que
la majeure partie des corolles est ouverte ,
j'élague toutes celles qui me paraissent faibles,
ou qui sont doubles, triples ou quadruples sur
le même pédicule : cette première opération
fortifie singulièrement celles qui restent.
Aussitôt que j'aperçois les pétales jaunir,
ou l'aiguille grossir par le pied, je coupe
impitoyablement la queue de toutes les fleurs
sur le tronc, à l'exception d'une ou deux
plus pour les gros fruits, et trois ou quatre au
pour les petits. Je choisis, pour les conserver, les fruits dont le pédicule est droit, uni,
le calice bien ouvert, et garni d'étamines
bien fraîches , et d'une aiguille placée au mi-
lieu bien perpendiculairement. La sève qui de-
vait alimenter les fruits que j'ai abattus, se ré-

percute, et se dirige bientôt dans les canaux de ceux qui restent, les noue promptement, et les soutient presque toujours jusqu'à la maturité.

Il faut éviter de faire les deux opérations d'un seul coup, surtout avant que les fruits ne soient noués ; la trop grande abondance de sève forme des bourrelets au bas du pestiole des fruits : ce qui finit par les priver de substance, et les faire tomber.

J'ai parlé, au commencement de cet ouvrage, du miel de Narbonne. Je ne traiterai point cette matière quant à présent, quoique je puisse être plus avancé dans l'éducation des abeilles que dans celle des mazards ; je réserve cet objet pour une autre fois, et me contente de prévenir que j'espère pouvoir donner cet été quelques échantillons du miel odoriférant de ma ruche des bois *.

Il ne me reste qu'un mot à dire sur la greffe des noyers, objet d'une très-grande importance, et qui a été encouragé, par presque tous les gouvernemens d'Europe,

---

* L'auteur a établi, avec l'autorisation de la Conservation, des ruchers dans les bois taillis du Gouvernement.

par des primes considérables en cas de réussite. La découverte de cette greffe produirait une amélioration sensible dans la récolte des noix ; car, à en juger par le fruit de tous les arbres qui viennent de grains, la noix que nous récoltons n'est proprement dit qu'une noix sauvage.

Je me suis occupé longuement de la greffe du noyer, sans être plus heureux que mes nombreux prédécesseurs ; je crois avoir acquis la certitude que la greffe est impossible par les moyens employés pour les autres arbres. Je les ai tentés tous à diverses reprises, et à des époques différentes. Ce qui me confirme dans cette opinion, c'est que j'ai remarqué que le noyer, le chêne, le hêtre, etc., n'ont pas, comme les arbres et arbustes que nous greffons, une sorte de transsudation de la moelle à la peau. On peut s'en convaincre en enlevant une petite parcelle de peau : le bois séchera dans cet endroit ; il s'y formera une espèce de chancre, et ce ne sera qu'à la longue que la peau recouvrira la plaie. Mais jamais le bois ne reprend sa première verdure, et ne s'unit avec les couches qui recouvrent la blessure ; tandis que dans les autres arbres, pour peu que l'on ait soin de préserver la plaie des rayons du soleil, on aperçoit, dès le lendemain du jour où l'écorce a été ôtée, de petites éminences de la grosseur d'un grain de poudre sur chaque pore : bientôt ces excroissances, grossissent, se joignent, et ferment la cicatrice souvent la même année, quelquefois la même semaine si la blessure est peu considérable.

Il faut donc tenter d'autres moyens que ceux connus pour réussir. J'en ai essayé plusieurs inutilement; néanmoins je ne désespère pas du succès : si ce n'est pas en un an, ce sera en dix, vingt, et peut-être plus. Je sais qu'il faut des siècles pour faire des conquêtes sur la nature; encore est-ce presque toujours le hasard qui les fournit.

On ne disconviendra pas que les gouvernemens sont à même d'avancer l'époque de la découverte, si elle est possible, non-seulement en promettant une récompense au succès, mais en encourageant les recherches. Dans le premier cas, l'intérêt pourra bien faire quelques tentatives, mais ne sacrifiera que peu; tandis qu'il faudrait tenter la découverte chaque jour sur plusienrs centaines d'arbres par diverses opérations, et cela depuis le principe de la sève jusqu'à la chute des feuilles. On voit qu'outre le temps perdu, il se fera une grande consommation d'arbres : d'où l'on peut préjuger que peu de personnes feront les sacrifices nécessaires si elles n'ont l'espoir fondé des récompenses.

FIN.

www.ingramcontent.com/pod-product-compliance
Lightning Source LLC
Chambersburg PA
CBHW060457210326
41520CB00015B/3991